团队有你真好

[美] 西蒙 · 斯涅克（Simon Sinek）◎著

宋燕◎译

[美] 伊森 · M. 奥尔德里奇（Ethan M. Aldridge）◎绘

中信出版集团 | 北京

图书在版编目（CIP）数据

团队有你真好 /（美）西蒙·斯涅克著；（美）伊森·M·奥尔德里奇绘；宋燕译. -- 北京：中信出版社，2019.7

书名原文：TOGETHER IS BETTER

ISBN 978-7-5217-0590-4

Ⅰ.①团… Ⅱ.①西… ②伊… ③宋… Ⅲ.①成功心理－通俗读物 Ⅳ.① B848.4-49

中国版本图书馆 CIP 数据核字（2019）第 093462 号

团队有你真好

著　　者：[美] 西蒙·斯涅克

绘　　者：[美] 伊森·M. 奥尔德里奇

译　　者：宋　燕

出版发行：中信出版集团股份有限公司

（北京市朝阳区惠新东街甲 4 号富盛大厦 2 座　邮编 100029）

承 印 者：北京盛通印刷股份有限公司

开　　本：787mm × 1092mm　1/32　　印　　张：5　　字　　数：50 千字

版　　次：2019 年 7 月第 1 版　　印　　次：2019 年 7 月第 1 次印刷

京权图字：01-2018-4355　　广告经营许可证：京朝工商广字第 8087 号

书　　号：ISBN 978-7-5217-0590-4

定　　价：49.00 元

服务热线：400-600-8099

投稿邮箱：author@citicpub.com

献给萨拉
我会随你走天涯

在工作和生活中获得
快乐和成就感的方法

目录 / Contents

为不关心的事情而努力工作叫作压力
为热爱的事情而努力工作叫作激情

前　言

人们都渴望被鼓舞，而这部作品，会让你的精神为之一振。

我想要建立这样一个世界——日出而作，斗志昂扬；日落而息，平静祥和。

建立这样的世界绝非易事，不会一蹴而就，需要我们齐心协力，各尽所能。为了共同的目标努力，这样的世界就可以建成。

这本书正是想记录这一心路历程。

书中的三个孩子是我们故事的主人公，他们常在一个普通的游乐场玩耍。像其他所有孩子一样，他们充满童稚，天真无邪。然而这一切都笼罩在“游乐场之王”的权霸之下，唯我独尊、“威震四海”的“游乐场之王”令所有人俯首帖耳。

这个故事是个隐喻。

“游乐场”代表我们工作的地方，尤其是那些不尽如人意的工作环境。“游乐场之王”是我们的老板或是公司——他（它）们只关心业绩而非员工，总威慑员工却不擅长管理，更不会去营造让员工意气风发的工作氛围（也许他们根本不关心这一点）。这就是我们每天都身处其中的职场——流言蜚语、互相推诿、损人利己之风，遮盖了群策群力、相互信任和通力合作的气象。

如游乐场中的孩童，职场中人总不免被这种压迫裹挟。当被问起是否喜爱这份工作时，回答也只能是“凑合”——日复一日地凑合。

面对这种情况，一些人试图辞职或跳槽，另一些人则选择逆来顺受，以养家糊口为自我麻痹的借口。然而，问题是：现状何其艰难，我们能否改变？

我们就是故事中这三个孩子的原型，在工作中，我们时时处处都能在自己身上找到他们的影子——幻想逃离，期盼更好的工作环境。然而，即使选择辞职或逃离，问题也依然存在——我们最终去往哪里？又该如何到达那里？

故事从这里开始

有一天，三位主人公照常开始工作（在游乐场自娱自乐）。然而，不寻常的事情发生了。

以前，当“游乐场之王”说话时，其他人都会自觉保持安全距离。但不一样的是，今天，有人竟挺身而出挑战“游乐场之王”的权威。三位主人公不约而同地思忖这一不同凡响的行为具有怎样的意义——做事有目标，行动有力量。

我们大多数人的生活都是在等待机遇，
但当我们的生活有了目标时，成就感就来了。

如果你的工作是
你不打算永远做的事情，
那你为什么现在要做呢？

作为领导，你不是治人，
而是爱护你所负责的人。

躲避批评的唯一方法是：什么也不做，什么也不说，做个无足轻重的人。

——古希腊哲学家，亚里士多德

领导需要给予他人服务，
而不是获取级别和职位。

让人窒息的领导，让我们觉得是在为公司工作；
给予激励的领导，让我们觉得是在为彼此工作。

当我们知道自己反对的是什么，
就开启了一场变革。
只有坚持自己的愿景，
变革才能持续。

愿景就像一个梦想，
如果我们什么也不做，
它就会消失。
做点什么，别再犹豫了，
开始一场愉快的冒险吧！

这个主意太棒了。

停止抱怨，行动起来！

伟大的思想，
引领伟大的行动。

选择：踽踽独行还是结伴同行

换一个地方不失为一件乐事。离开熟悉，选择陌生，独自一人，探索未知，既需要勇气也令人兴奋。只是，万事开头难，人生地不熟，困难也常有。会后悔吗？会退缩吗？毕竟，结伴同行总好过单枪匹马。

此时，良师益友的鼎力相助会让你产生坚持下去的勇气。

什么时候开始不重要，
从哪里开始也不重要，
重要的是“开始”。

如果你的心中没有激情，
请你唤醒它、激活它、点燃它，
并行动起来。

当我们追逐梦想而不是竞争时，
我们会获得更多。

池鱼与樊鸟确实很安逸，
而追求自由却需要冒险。

领导给了我们机会试错，
也给了我们机会体验成功。

寻找：做自己喜欢的事

旅途的开启有两种方式：离开某处或者去向某地。当你尚不明确自己将要做什么时，听到别人说“做你喜欢的”“做你感兴趣的”，你难免会觉得有益却无用。

如果我们知道自己喜欢什么，又怎会犹豫徘徊？不过，我们能够用一生去破解答案。

而且，正如故事中三位主人公那样，有人已经找到了答案。

不满使人离开，信念驱人前进。清晰的目标无论来自哪里、源于何人，总能激发人的潜能，让人奔赴更伟大的目标。

大声说出我们不知道的事情，
会增加那些知道的人提供帮助的可能性。

创新者有着清晰的梦想，
而现实世界却视其为疯狂。

要想知道梦想能否成真，
最好的方法就是行动。

永远要为这样一个事实做好计划：
没有一个计划是按照计划进行的。

如果我们面对的挑战没有吓倒我们，
那么它可能没有那么重要。

思想封闭，我们听到的都是批评；
接受批评，我们得到的就是建议。

不称职的领导关心谁是对的，
称职的领导关心什么是对的。

不要抱怨，去做出自己的贡献。

不屈：让他人加入旅行

生活中充满了困难与危险，想凭借一己之力来应对这些简直是螳臂当车。我们都知道遇到困难时要大家一起努力解决，所以，如果生命旅程总是充斥着挫折与失望，让你困惑，让你迷惘，就请试着相信别人，让他们也加入你的这场旅行。

独木难支，一个人无法承担千斤之重，也不能解决复杂难题。但是，集体的力量是强大的。

人在一起不叫团队，
心在一起才是真正优秀的团队。

团队成员能否做出非凡的事情，
取决于他们能否齐心协力，并肩作战。

任何时候都不要独自逞强。

在一起更好。

团队不是人与人的简单相加，
而是团队成员的互相信任。

优秀的领导激励我们信任他们，
卓越的领导激励我们相信自己。

成功就是将理想变成现实。

成就令人兴奋，

过程令人满足。

诱惑：利他也是一种成功

成功的样子，应该是夙愿得偿的喜悦吧。在理想之国中，大家坦诚相见，彼此信任；生活富足，怡然自得。但是，我们想过仍未寻觅至此的那些人吗？

我们面临的最大考验
不在成功的路上，
而是当我们获得成功时，
我们如何对待它。

生命的价值不取决于我们为自己做了什么，
而取决于我们为他人做了什么。

机会不是为自己找到一个完美的公司，
机会是为了彼此建立一个完美的公司。

回报：付出也是一种获得

领导力需要每天练习。当我们学着不断地为他人着想，甚至不惜牺牲自身利益时，我们的收获将超乎所想。正如锻炼肌肉一样，领导力也是越练越强。要知道，自强者，邻人亦强。在这一点上，孤军奋战，则寡不敌众；同舟共济，才能化险为夷。

把自己的利益放在首位是一种奢侈，
把别人的利益放在自己利益之上是一种殊荣。

在通往成功的道路上，
奋斗与拼搏是必须迈出的一步。

领导力是一门学问，

优秀的领导者把自己看作学生，而非老师。

满足感源于努力的过程，
而不是空泛的梦想。

生命之所以美丽，

不是因为我们看到了什么、做了什么，

而是因为我们遇见了谁。

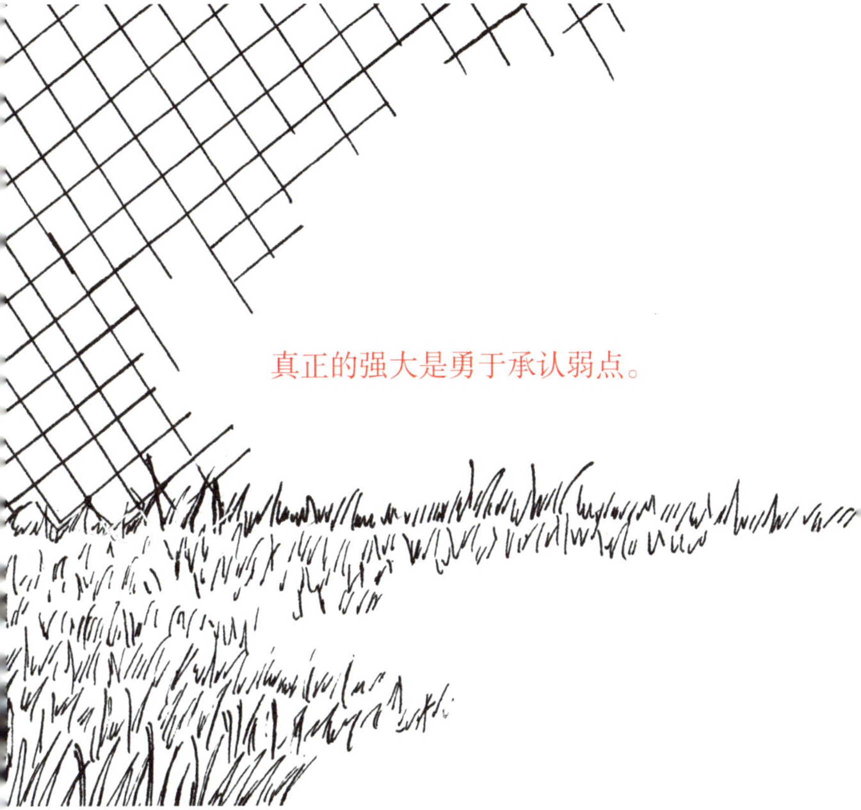

真正的强大是勇于承认弱点。

失败无须他人相助，

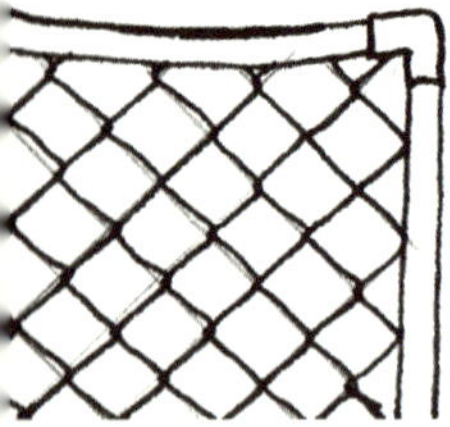

但成功却需众人助力。

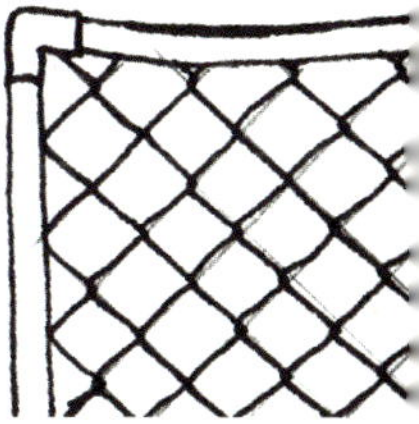

“老板”只是空有头衔，
“领导”才会众人拥戴。

领导者贵在知人善任，
激发他人的潜力，
而非低头蛮干。

如果只会督促别人，你拥有的是员工；
如果给予员工信任，你拥有的就是领导者。

为不关心的事情而努力工作叫作压力，
为热爱的事情而努力工作叫作激情。

团队有你真好

优秀的领导者希望成为他人的向导。

立足他人的角度思考，知其力所不及之处而尽全力帮助。

站在团队的立场设想，顾及众人而聚群力以解决难题。

这才是真正的领导者。成为领导者不是一路高升，而是一场利他的洗礼。

头脑可以被说服，
但内心需要情感才能被征服。

明星想要自己步入巅峰，
领导者希望周围的人成为明星。

领导者必须内心受到激励，才能激励他人。

独行者快，众行者远。

——非洲谚语

推进共同的愿景

领导者追求的最高境界就是建立共同的愿景和理想，激发团队的使命感。只有建立了这种共同的愿景，其他伙伴才会努力学习和发挥个人的积极性。并且，这种共同愿景的建立不是基于压力，而是基于所有伙伴内心的愿望。

我们大多数人的生活都是在等待机遇，但当我们的生活有了目标时，成就感就来了。

如果你的工作是你不打算永远做的事情，那你为什么现在要做呢？

本书开篇已经表明了我的基本信念——满足感是一种普遍的权利而非特权。我认为，我们大多数人把工作中暂时的兴奋感——赢取一位新客户、获得升职

或奖金、达成绩效指标——与工作带来的深层次的幸福感相混淆。那种深层次的幸福源自同事之间的关切、对伟大事业的贡献，以及对自我价值的肯定。

我们不必囿于现状，我们有选择的权利，也有选择的机会。最重要的是，我们可以选择看问题的角度。我们有权决定自己工作时应有的态度，这种态度基于自我实现，那种有目标、有动机、有信念的感觉能让我们明确自己为什么这样做以及做了什么。而且，这种感觉我们可以主动获取。

作为领导，你不是治人，而是爱护你所负责的人。

前后两者有着天壤之别，但这一观点清晰正确。现在有很多好书、TED 演讲[①]、推特分享和《哈佛商业评论》的文章都在阐述什么才是真正的领导力，可是竟然还有人认为“领导力”就是“当官”。（好吧，让我静一静。）

① TED 是科技（technology）、娱乐（entertainment）和设计（design）的英文首字母缩写。它是美国一家私有非营利机构，以其组织的 TED 大会著称。——编者注

当我们知道自己反对的是什么，就开启了一场变革。只有坚持自己的愿景，变革才能持续。

知道自己前进的方向，而不是简单地追随或者蛮干。这一点很重要，两者的细微差别之前并没有被充分说明。我之所以钟爱《独立宣言》，是因为它将理想置于行动之前。《独立宣言》中列出的对乔治三世的所有抱怨和指控，都促成了人们对“人人生而平等”这一理想状态的期待。换句话说就是：美国开国元勋首先考虑的是人们支持什么，而不是反对什么。

媒体有很强的号召力，可以煽动人们去打破陈规，甚至引起社会巨变，却无法激励人们去建功立业。

我们之所以经常选用集会抗议的方式是因为激起人们的恐惧感、不满情绪和不公感是件容易的事，毕竟这些感觉通常都很真实。

纯粹的支持比较抽象。对大多数人来说，他们所期待的并不能像拥有远见卓识的领导者期待的一样清晰明了，相反，可能是遥不可及甚至感觉根本无法实现的。这就要求有远见的人对于变幻莫测的未来胸有成竹，并把它栩栩如生地勾勒出来，人们才能有一个具有号召力的“想象共同体”。

愿景就像一个梦想，如果我们什么也不做，它就会消失。做点什么，别再犹豫了，开始一场愉快的冒险吧！

我很喜欢这张插图（12~13 页），之前还把它打印出来挂在墙上。它提醒我，生命中出现挫折的时候，应该积极地谋求出路，而不是一味地沉溺于挫折本身。是柳暗花明还是坐以待毙，都取决于我们自己。

这个主意太棒了。停止抱怨，行动起来！

毫无疑问就是这样。

当我们追逐梦想而不是竞争时，我们会获得更多。

玩弄权术的公司和为目标奋斗的公司区别很大：权谋让人们互相内斗，而共同的目标让大家并肩齐心。

不过，以竞争为核心的公司和以梦想（“力争第一”这类口号不算梦想）为核心的公司也有相似之处，就是它们都很努力。前者总想超越别人，后者力图超越自己。

在持久战中，后者往往能成为终极赢家，是因为他们清楚“胜败乃兵家常事”。短期的起落无法使他们动摇，他们关注的是长远的发展。这正是赢得每场战役和赢得战争胜利的不同之处，因为没有人知道战争何时结束。这就是有梦想的公司最终会超越竞争对手并且基业长青的原因。

寻找：做自己喜欢的事

我特意将这部分命名为“寻找”。在大环境下，“有”目标已经成为一种商业口号——我们必须有远大的、醒目的、史蒂夫·乔布斯式的理想。然而这不仅不现实，还会给“非乔布斯”式的我们带来无限压力。

所以我觉得用“寻找”目标更合适。

一些伟人已然清晰地表述了他们对未来的构想，如果觉得不错，我们可以追随他们，用他们的思想为自己的人生导航。

我们可以和伟大的精神产生共鸣。马丁·路德·金、甘地、托马斯·杰斐逊、理查德·布兰森、沃伦·巴菲特和埃隆·马斯克都描绘了很棒的蓝图，拥有众多追随者。有的人买了与他们相关的产品，有的人加入了他们的组织，还有的人被这些领袖的精神感召，愿意为实现伟大目标而奋斗。总之，很多人都从已有的蓝图中找到了自己的目标，并且付诸行动。

其实，追随者才是实现未来蓝图的关键，是他们将生命力注入其中，而不是那些勾勒蓝图的伟人。正所谓伟人与凡人相辅相成。

那么，是谁启发了你?

大声说出我们不知道的事情，会增加那些知道的人提供帮助的可能性。

我人生中最有意义的一课就是明白了，我无须无所不知。“知之为知之，不知为不知，是知也。”

我之前的工作是处理一些账目和业务，那时候我以为，我必须要知道所有的事情。但是我发现，这种想法其实是自欺欺人，因为根本没人能做到对一切都了如指掌，这对我来说是一个惨痛的教训。

其实，只要我鼓起勇气说出自己的困惑，去寻求或者接受别人的帮助，我的职业生涯就能打开新的篇章。事实证明，总会有人愿意帮助你，只是他们不确定你是否需要帮助。

创新者有着清晰的梦想，而现实世界却视其为疯狂。

如果有人觉得这句话不好理解，请告诉我。

思想封闭，我们听到的都是批评；接受批评，我们得到的就是建议。

经常有人将我们的善意提醒误解成批评教育，然而当我们忍不住去辩解时，则会陷入更糟糕的争吵之中。

如果有人视你的建议为批评，总是第一时间反驳你，可能只是因为你的表达方式不对——或许你的话刚好碰到了他的敏感神经，让他不安；抑或他正在自我反省，你让他恼羞成怒。不过，这也正是锻炼同理心的好时机。只有懂得换位思考，设身处地为他人着想，我们的提醒才算是建议。

成就令人兴奋，过程令人满足。

赢得赞誉是很令人兴奋，但是真正的满足感是当你回顾身后，发现有人支持你、帮助你，和你荣辱与共，给予你信赖。

讽刺的是，当我们展望未来时会发现，真正具有决定意义的关键时刻或者关键事件，其实并没有多少可期待的，而往往当我们回顾自己业已取得的成就时，会发现引领我们走向成功的关键是那些一点一滴的经验和教训。

有必要再次重申的是，在多巴胺的作用下，工作中实现目标、成功升职以及赢得胜利都会让你觉得兴奋。但是由荷尔蒙带来的持久满足感，却来源于和他人建立的良好关系，克服生活中的重重困难，以及与他人分享成功的喜悦等行为。

生命的价值不取决于我们为自己做了什么，而取决于我们为他人做了什么。

我们应如何评判自己一生的价值？是看临终前的银行存款、回复的邮件数量、健身的次数还是看子女、下属是否飞黄腾达，抑或是我们曾对周围的人产生过哪些影响？

让我们按照自己认为有价值的方式去生活。

机会不是为自己找到一个完美的公司，机会是为了彼此建立一个完美的公司。

书店里关于如何帮助自己有一个完整的分区，例如“怎么减掉 10 磅”“如何找到理想的工作”，但没有一个分区是教你如何帮助别人的，比如“怎么帮你的朋友变得健壮”“怎样才能帮好友实现他的职业理想”。然而，成功和喜悦的感受其实都来自服务他人。

服务他人，而不是只顾自己的利益，会帮助我们有效地处理生活中遇到的种种问题。而且，它会促使你把短期的、自利的目标变成长期的、高尚的目标。

如果我们不喜欢我们的工作，辞职并不是唯一的选择。我们可以去努力改变工作环境，让我们的同事喜欢现在的工作。这样一来，我们的工作就变成了帮助别人完成诉求。帮助别人的行为不仅改变了同事的心态，也改变了我们自己的心态。

只有为他人提供服务，才能被称为领导者。

在通往成功的道路上，奋斗与拼搏是必须迈出的一步。

中国有一个“塞翁失马”的故事：有一个老翁的马丢了，他的邻居很同情他，但是老翁却说：“是好是坏，难有定论。”过了几天，丢的马回来了，并且还带回了胡人的良马。邻居很羡慕，老翁又说：“是好是坏，难有定论。”

有一天，老翁的儿子放马时不小心摔断了腿，邻居来慰问，老翁仍然说：“是好是坏，难有定论。”

不久，村里健全的年轻男子都被征兵役了，唯独他的儿子因为残疾幸免于难。邻居又觉得老翁的运气实在是好，老翁说：“这就是塞翁失马，焉知非福。”

人生不是独幕剧，你永远都不知道下一刻会发生什么。只有演出全部结束了，成败才有定论。

领导力是一门学问，优秀的领导者把自己看作学生，而非老师。

如果你提出了一个新的建议，得到的回答却是："这个我比你在行，我心里有数。"那你还是快点远离回答者吧。

真正的强大是勇于承认弱点。

示弱并不意味着流泪或假装温顺，示弱是承认我们不知道的事和犯过的错误，潜台词就是“我们需要帮助”。多数情况下，承认自己的弱点会觉得丢脸，甚至遭到批评和攻击。但是，如果能生活在一个有安全感的地方，承认自己的不足能让你感受到爱和支持，能让你获得巨大的能量，你自然就能敞开心扉，别人的帮助也理所应当成为你成功的助力。

更重要的是，我们可以尝试成为第一个勇于承认自己弱点的人，以这种方式来激励别人。一旦团队有了这种氛围，大家就会团结一致面对困难。

相反，如果我们习惯撒谎、隐藏、蒙骗，那么后果就是人人金玉其外、败絮其中。只有勇于面对自己的不足，才能让团队更出色。

如果只会督促别人，你拥有的是员工；如果给予员工信任，你拥有的就是领导者。

要成为领导者，必须转变思想。有的人转变得快，有的人转变得慢，不幸的是，竟然还有些人根本没有意识到要转变。

很多人认为，初来乍到一家公司，只需要做好本职工作，公司会教你怎么用办公软件、怎么销售、怎么做介绍，这样就能把工作做好。有些人能力很强，还能再学一些会计、工程之类的技能。员工就像流水线上的产品，庸庸碌碌，不知所然。按照这种模式，工作干得出色就能升职，不考虑他们是否有责任心，是否真的能胜任领导职务。

这样打造出来的经理人不能称为领导者，他们晋升只是因为熟能生巧的惯性，所以也会要求新人复制他们的道路。毕竟，他们从没学习过如何成为真正的领导者。

这是最难的一课：合格的领导者不能只关心工作，还要关心做工作的人。领导者不应当直接为客户负责，而是要对那些为客户提供服务的员工负责。掌握了这一点，员工和客户的利益才能实现双赢。

领导是一件苦差事，它不需要你卖力工作，却需要你卖力地使所有工作运转起来；它需要你用智慧培训员工、教导员工、信任员工。领导学是一门“人学”，领导力不仅体现在工作范畴里，更是活力和行动力的体现。

头脑可以被说服，但内心需要情感才能被征服。

本书的编辑艾瑞克非常喜欢这句话，他认为这句话是整本书的核心。

我想他也是站在我这边的。

领导者必须内心受到激励，才能激励他人。

人人都可以成为父母，但并不是每个人都愿意、都应该成为父母；同样，并不是所有人都愿意、都应该成为领导。

父母的快乐来源于子女，而不是父母这个身份。当看到孩子们在嬉闹聊天时，当参加孩子的演出和毕业典礼时，当看到他们第一次谈恋爱时，我们都会由衷地喜悦。

领导的喜悦和父母类似，这种喜悦不是因为自己有领导权，而是看到大家众志成城、彼此信任、无往不利、无坚不摧的状态。

领导者和员工之间应当互相促进，彼此成就。

"TOGETHER IS BETTER"

written by Dela Pumador
arranged by Aloe Blacc

团队有你真好

握紧彼此的手，就不会轻易跌倒。
他们总说高山易阻、深谷陡峭，
并肩齐行才会更好。

团结让我们勇达顶峰，
团结让我们临渊无恐，
团结让我们战无不胜，
并肩齐行才会更好。

尝试，试验，重复，失败，从头再来。
去改变这个世界，去实现你的梦想。

如果这本书对你有启发，
记得分享给他或她。